JACMART PILAVAINE,

MINIATURISTE DU XVe SIÈCLE.

JACMART PILAVAINE,

MINIATURISTE

DU

XVᵉ SIÈCLE,

Par LÉON PAULET.

BRUXELLES,	AMIENS,
A. DECQ,	LENOEL-HEROUART,
RUE DE LA MADELEINE.	RUE DES RABUISSONS.

1858.

JACMART PILAVAINE,

MINIATURISTE DU XVe SIÈCLE,

NÉ A PÉRONNE.

A *Monsieur* **E. PRAROND**, *directeur de la revue* LA PI-
CARDIE.

Monsieur et cher collègue.

Votre appel a été compris.

Vous avez donné un exemple salutaire. En recherchant la vie
de ceux à qui nous devons ce que nous sommes, nous nous
attachons non seulement davantage à la patrie, mais nous
considérons l'humanité entière sous son aspect le plus digne.
Il en naît pour notre cœur une sensation qui le chatouille dans
ses plus secrets replis et pour notre âme un élancement qui la
*poulce bien loing au-delà de son ordinaire et la ravit aulcune-
ment hors de soy.*

Nous montrer combien nos pères furent grands c'est nous
inviter à ne pas déchoir.

Vous avez donné le branle à notre patriotisme; aussi depuis
la publication de votre *Biographie d'Abbeville,* sur tous les

points de notre chère Picardie, nos savants recherchent avec ardeur la vie de ses grands hommes. Mon laborieux compatriote Charles GOMART, fait pour *St.-Quentin* ce que vous avez fait pour Abbeville ; mon ami, l'abbé Jules CORBLET, travaille à une *Hagiographie picarde* ; notre collègue DUSEVEL, à qui nous devons tant de travaux, en nous donnant une nouvelle *Histoire de la Picardie* nous en fera connaître les hommes les plus remarquables ; le digne abbé Paul DE CAGNY, ne se lasse pas de rechercher les célébrités de l'arrondissement de *Péronne*, dont l'histoire, écrite par lui, est un véritable modèle d'érudition ; (1) notre collégue, PEIGNÉ DELACOUR, va nous faire connaître les gloires du monastère d'*Ourscamp* ; M. BREUIL, continuant l'œuvre de M. RIGOLLOT, poursuit ses recherches sur les *Peintres Amiénois des XVe et XVIe siècles* ; l'infatigable M. DE LA FONS, baron DE MÉLICOCQ, ne cesse de mettre au jour les noms des pauvres artistes de la *Picardie* et du *Nord de la France*, trop longtemps oubliés par nous.

D'autres travailleurs, que la publicité ne tente pas, mais qui n'en aiment pas moins leur patrie en bons fils, mon ami LUCAS, secrétaire de la mairie de *Ham*, et son oncle M. MOREL, chef d'institution à *Nesle*,

J'en passe et des meilleurs,

font pour leur pays ce que vous avez fait pour le vôtre et ce que je vais essayer de faire pour *Péronne*.

Je dois dire que l'indifférence de la plupart de mes compatriotes me prive de faire pour la ville de *Ham*, ce que j'essaie

---

(1) Feu Génin, notre compatriote, qui s'y connaissait, avait ce livre en grande estime.

de faire partiellement pour *Péronne* et que ma *Biographie des Hamois remarquables et des prisonniers enfermés au château de Ham*, doit rester manuscrite, dans l'impuissance où je suis d'en faire les frais d'impression. Mais il ne m'appartient pas de me plaindre : la grande ombre du général Foy, plâne désolée, depuis presque un demi siècle, sur sa ville natale, en attendant un monument, à l'érection duquel la France entière se serait associée. Attendons des temps meilleurs. Peut-être les Hamois ignorent-ils qu'il y eût un des plus grands hommes des temps modernes appelé Maximilien Sébastien Foy et qu'il naquît dans leurs murs le 3 février 1775. Nul doute qu'alors qu'ils apprendront ce fait curieux, ils ne s'empresseront d'être les *Lacémoniens* du siècle dernier et d'ériger une statue à Thémistocle (1).

Malgré ces déboires, je ne veux pas rester en dehors du mouvement, et puisque vous êtes assez bon pour m'ouvrir vos colonnes, j'en profite pour faire connaître à nos Picards un enfant du pays, sur lequel pèse quatre cents ans de silence.

Puissè-je n'être pas le seul à profiter de votre bienveillant accueil, et *la Picardie*, que vous conduisez avez tant de soins et de patriotisme, devenir le Panthéon qui arrachera à un indigne oubli les noms de ceux-là à qui nous devons respect et reconnaissance !

Veuillez, mon cher collègue, agréer mes sentiments de profonde gratitude.

Léon PAULET.

---

(1) Sous la République française les habitants de *Ham* demandèrent à s'appeler *Sparte*.

JACMART PILAVAINE,

MINIATURISTE DU XVe SIÈCLE,

NÉ A PÉRONNE.

Nous ne tenons généralement compte de nos illustrations que pour autant que la renommée les ait placées fort haut dans l'estime du monde. Ce sentiment n'est pas si peu dépourvu de vanité que nous puissions le faire passer pour de la reconnaissance.

En rendant hommage aux grandes intelligences mortes (car pour les vivants, ils savent trop souvent à quoi s'en tenir sur notre admiration) nous en reportons sur nous une bonne part et la honte que nous aurions à ne pas les admirer, pousse notre reconnaissance en avant, souvent malgré nous-mêmes.

Ce n'est pas que ce sentiment ne soit louable en soi. Puisque, dit-on, toutes les actions humaines sont entachées d'inconstance et d'égoïsme, mieux vaut-il que ces passions s'élèvent haut et tournent à noble but, que de rester dans la voie du dénigrement et de la sottise.

Mais ce que nous ne faisons pas volontiers, c'est rendre hommage au mérite modeste, ou chercher dans l'oubli un talent ignoré pour le rendre à l'admiration générale. Il semble qu'il y ait là un effort qui surpasse notre nature et que nous ayons honte de ne pas avoir ouvert les yeux plus tôt à l'évidence.

Il est cependant dans le passé des ouvriers de la pensée et de l'art, qui, quoique inconnus, méritent notre reconnaissance et notre estime.

Jacqmart PILAVAINE, miniaturiste distingué du XVe siècle, est un de ces enfants perdus de la *Picardie*, qui méritent pourtant une place dans notre Panthéon. Ignoré jusqu'à ce jour par nos Picards, je viens fixer sur lui l'attention de nos artistes et de nos érudits.

Je serais heureux que ces recherches missent sur la voie d'autres faits concernant son existence inconnue et qui nous fissent savoir quelque chose de plus complet sur sa personnalité.

Nous aimons à connaître les œuvres des artistes, mais leur existence peut nous être aussi profit et exemple. En rapprochant l'œuvre de l'homme, nous comprenons mieux celui-ci et nous jugeons mieux celle-là. Il en naît plus de satisfaction pour notre curiosité et notre esprit, et plus de bénéfice pour notre entendement.

On dédaigne trop les miniaturistes du Moyen-âge. Bien que leur talent soit loin d'être complet, ils n'en sont pas moins les précurseurs de nos grands artistes de la Renaissance et méritent, à ce titre, autre chose que dédain ou indifférence.

L'art ne vient pas au monde tout botté et éperonné; c'est un nourrisson qui demande des soins, et c'est honneur à ceux-là qui le débarrassent de ses langes. Il y a donc devoir à les connaître.

On ne cesse d'écrire de gros livres sur les grands hommes connus, comme s'ils étaient sortis tout armés du cerveau de Jupiter , on nous les montre complets, sans nous dire comment ils sont arrivés à cet état. Nos grands peintres ont cent biographes qui fourmillent de détails sur leurs personnalités et nous savons à peine les noms de ceux qui leur ont aplani les sentiers. Tel qui écrira un gros livre sur Hemling ou Albert Durer, ne donnera pas cinq minutes de son temps pour rechercher dans les manuscrits les noms et les œuvres de ceux-là par qui nous viennent Hemling et Albert Durer.

Tel même qui poussera des cris de joie à la vue d'un panneau, incomplet essai de Van-Eyck ou d'Hemling, regardera indifférent les miniatures non signées de Van-Eyck et d'Hemling, où pourtant leur talent se montrera plus complet et dans son vrai jour. Il nous faut toujours du bruit.

Pour être exécutées sur une plus petite échelle, ces miniatures, ces tableaux — car on doit leur donner ce nom — n'en sont pas moins dignes d'attention, et beaucoup même feraient la gloire et la fortune de leur auteur, en nos jours de vanité et de camaraderie, où les talents les plus infimes sont quelquefois poussés en avant sans vergogne. Tant de gens n'osent juger par eux-mêmes, que la plupart aiment mieux croire sur parole que de se donner la peine d'ouvrir les yeux ; de là vient le règne de la médiocrité et de la sottise, qu'il eut été facile de ne pas accepter pour s'éviter le désagrément de s'en plaindre.

Mais dans ce temps où la publicité n'avait que peu d'action, il n'était pas rare de voir des hommes de génie travailler comme de simples manœuvres et négliger de signer leurs œuvres quoique consciencieusement faites. C'était l'ordinaire, au contraire, et si quelques-uns de ces noms nous sont parvenus, nous devons en remercier le hasard.

Un des plus beaux manuscrits de la bibliothèque des ducs de Bourgogne, de Bruxelles, (*Les Chroniques de Jacques de Guise*, n° 9244,) est illustré par de ravissantes miniatures, dans lesquelles l'œil de l'amateur exercé reconnaît, à n'en point douter, la touche spirituelle et délicate d'Hemling et que ce grand artiste n'a pas signées.

La plupart des peintres du XVe siècle, les Van-Eyck, Marguerite Van-Eyck, le roi Réné d'Anjou, Antonello de Messine, Hemling, Gérard de Gand, Liévin d'Anvers, et presque tous les maîtres italiens commencèrent leur gloire par l'enluminure des manuscrits, et ces œuvres, généralement peu connues, quoique exécutées sur une échelle moins étendue que leurs panneaux, n'en sont pas moins de ravissants tableaux, qui séduisent d'autant plus le regard que les proportions en sont plus petites.

Les rois, les princes et les grands seigneurs de cette époque de renaissance, faisaient exécuter à grands frais ces livres dont la fabrication nous surprend encore.

Les ducs de Bourgogne, de la branche de Valois, furent grands protecteurs d'artistes et amateurs éclairés de manuscrits (1). Philippe-*le-Bon*, fondateur de la bibliothèque des

---

(1) Ce goût leur venait de leur aïeul Philippe *de Valois*, roi de France. Toute cette famille de Valois, à de rares exceptions, aimait les livres. Philippe, le chef de la race est l'auteur des *Dits moraux desp hilosophes*. Jean Ier fait copier divers manuscrits. Charles V fonde la bibliothèque du Louvre, et ses frères, les ducs d'Anjou et de Berry, font copier bon nombre de manuscrits. Charles VI et Charles VII suivent les traces de leurs ayeux. On attribue à Louis XI des vers et contes graveleux. Charles VIII et Louis XII font transcrire des œuvres remarquables. François Ier fait des vers, tout en faisant brûler ceux qui impriment des livres. Henri II a des enlumineurs à ses gages ; Charles IX fait des vers et Henri III tient à sa cour des dessinateurs.

Quant aux Bourgogne-*Valois* qui précèdent Philippe-*le-Bon*, ils furent aussi grands bibliophiles. Philippe-*le-Hardi* (1361, 1404) fait copier plusieurs manuscrits. Jean-sans-Peur (1404, 1419) avait plusieurs bibliothèques dans ses divers états, et Philippe-*le-Bon* son fils (1419, 1467) eût la plus belle *librairie* de son temps.

ducs de Bourgogne, avait établi à Bruxelles un atelier de calligraphie et de miniature, et protégeait les abbayes dans lesquelles on se livrait à la transcription des livres. Le fougueux Charles-le-Téméraire, lui même, se délassait des fatigues de la guerre dans la contemplation de ces dessins qu'il commandait aux plus habiles artistes de son temps. Il les emportait même sous la tente et se plaisait à la lecture des livres après le combat. Hemling fut un de ses enlumineurs et les bibliothèques de Christiania, Paris et Bruxelles possèdent plusieurs de ces précieux manuscrits, où se révèle le génie du maître.

L'œuvre dont nous allons nous occuper est celle d'un de ces artistes enlumineurs, dont le nom serait inconnu, s'il n'avait pris le soin de nous le révéler lui-même. Heureux hasard qui nous fait revendiquer comme notre compatriote Jacqmart Pilavaine, né à Péronne.

Quelle est la date de sa naissance? Quelle est la date de sa mort ?

Nous devons (en attendant des recherches plus heureuses) nous taire sur ces points obscurs et n'interroger que son œuvre. Elle est, comme nous le prouverons plus loin, de la première moitié du XVe siècle.

Jacqmart Pilavaine était-il aux gages de la maison de Croy-Chimay, dont il reproduit les armes et le cri de guerre à chacune des pages de son livre? Je ne sais, mais nous devons plutôt penser qu'il était enlumineur de son métier et qu'il travaillait pour quiconque le payait. L'inscription placée à la fin de son livre (espèce d'adresse autant que signature de l'œuvre) nous porte à le croire.

Quitta-t-il Péronne, sa patrie, pour s'enrôler aux gages des Croy, à la suite des ducs de Bourgogne qui possédèrent longtemps cette place? Est-ce le hasard qui le conduisit à Mons, capitale du Hainaut? Sur tous ces points nous en sommes réduits à faire des conjectures, en attendant que nos recherches soient couronnées de quelque succès.

Quoiqu'il en soit, nous transcrirons ici la note placée au dernier feuillet des *Chroniques. Martiniènes*, un des plus beaux manuscrits de la bibliothèque des ducs de Bourgogne de Bruxelles, catalogué sous le n° 9069 :

Expliciunt, les histoires Martiniennes escriptes par Jacqmart Pilauaine escripuan et enlumineur demeurant à Mons en Haynault, natif de Péronne, en Vermendois.

C'est-à-dire :

Expliciunt. Les Histoires Martiniennes, escriptes par Jacqmart Pilavaine escripvan et enlumineur demeurant à Mons, en Haynault, natif de Péronne, en Vermendois.

En outre, voici la notice du catalogue : n° 9069. *Langue Française.* Format 52 *c.* xv. ˢ 2/3 *Miniatures.*

Du même Martinus Polanus, par Jacqmart Pilavaine.

Ce manuscrit renferme une chronique qui commence à la création du monde et qui finit à l'empire de Tibère et au gouvernement de Ponce-Pilate. Il a appartenu à Charles de Croy, comte de Chimay, dont la signature se voit à la fin du volume. Cet ouvrage est inventorié n° 834 du catalogue de Gérard et 707 de l'inventaire de 1577. M. Barrois cite également une chronique Martinienne au n° 587 de sa bibliothèque protypographique, mais nous regrettons qu'il n'ait pu donner le commencement du second feuillet, afin de le comparer avec le présent exemplaire.

Grandes miniatures paginales et colomnales en toutes couleurs. L'initiale armoriée de Croy.

CROY. ALBERT ET ISABELLE. — LIBRAIRIE PRIMITIVE (1).

Ce manuscrit, enlevé par les commissaires de la République Française, ne fut rendu à la Belgiqne que sous la Restauration. Il est relié en veau fauve, et le dos, en maroquin rouge, porte encore le chiffre de l'empereur Napoléon, l'N couronné.

En voici le commencement :

(*Rubr.*) Cy après sensieut la table des rubriques des chapitres sur les croniques Martiniennes.

(*Incipit.*) PROLOGUE.

» Qui le trésor de sapience vœlt mettre en l'armaire (2) de sa mémoire, et
» l'ensaignement des saiges ens es tables de son cœr escripre sur toutes
» choses, il doit fuyr le fardel de confusion, car elle engendre ignorance et
» est mère d'oubliance, mais discrétion et disculion enlumine l'entende-
» ment et conferme la mémoire, car ordonnance fait les choses veoir si
» comme elles sont et les met en retenance et en légier record, etc. »

Il est écrit sur grandes feuilles d'un superbe parchemin fort blanc. L'entête des chapitres est en gothique rouge, les initiales sont d'or, entourées de filets bleus d'outremer ; de distance en distance le manuscrit est orné de grandes miniatures paginales. Le texte est entouré par de ravissants arabesques qu'on dirait avoir été faits en Orient et où les fleurs étalent leurs parures éblouissantes, les oiseaux leurs plus belles couleurs et où des quadrupèdes se livrent à des courses folles et

______

(1) Cette bibliothèque ne possède pas moins de huit manuscrits des chroniques Martiniennes, en latin et en français, entre autre un exemplaire du XIII. s. 2/3, commençant à la création du monde, finissant au règne de Sévère et ayant appartenu aux Croy-Chimay.

(2) Armoire. Les *armaria* étaient les pupitres des bibliothèques. Le dedans servait à serrer les livres et le dehors d'appui pour les transcrire. Notre gravure en offre un modèle. Souvent, crainte de vol, les livres étaient attachés sur ces pupitres avec des chaînettes.

joyeuses. Quelque fois, des personnages, aux costumes variés, y paraissent dans des positions bizarres, ou jouant de quelque instrument de musique. Enfin le caprice, la fantaisie font tous les frais de ces compositions qui dénotent une riche imagination chez leur auteur.

Le manuscrit contient quinze miniatures : trois petites et douze grandes.

Les trois petites représentent. la première, un personnage dont nous allons parler plus bas ; la deuxième, Samson, vainqueur du lion, et la troisième, la cour du roi Saül. Il est bien entendu que Samson a la robe et le chaperon en usage au XVe siècle et que Saül, avec son bâton royal, est calqué sur saint Louis, type de la royauté à cette époque (1).

Quant à la première de ces miniatures, malgré ses proportions exigues, elle doit, avant toute chose, fixer particulièrement notre attention. Elle représente le portrait en pied d'un homme dans la force de l'âge ; sa barbe est rousse et plantureuse, sa pose est celle d'un philosophe qui médite et sa figure, quoique peinte en larges traits, ne manque pas d'un caractère de majesté et de grandeur ; elle est mâle et énergique. Cette miniature est loin d'avoir le fini et la délicatesse de touche d'Hemling : on s'aperçoit que notre artiste n'aurait pas cette pa-

---

(1) Nous ne devons pas nous étonner si fort de cet anachronisme de costumes. Les grands maîtres Italiens, Français et Flamands des XVIe et XVIIe siècles n'ont pas su s'affranchir de cet usage ridicule.

J'ai sous les yeux des gravures de l'Odyssée qui représente *les dames de la cour d'Ulysse* dans le costume de madame de Pompadour et poudrées ni plus ni moins que les bergères de Wateau et de Boucher. Elles sont de 1787.

Nous devons au grand peintre David d'avoir retiré l'art de cette ornière, où il se traînait depuis des siècles.

tience. Du reste il est aisé de le voir à son œuvre, PILAVAINE n'eût pas les ressources d'Hemling ; plus âgé que lui probablement, il ne pût se former aux leçons ou à l'étude des œuvres merveilleuses des Van-Eyck. Demeurant dans un pays où l'art avait peu de représentants, il dut voler de ses propres aîles et créer lui-même un genre, plutôt qu'en imiter un, aussi est-il remarquable parmi les miniaturistes de cette époque. Il a moins de talent que beaucoup, mais il est lui et la hardiesse de son trait nous fait voir qu'il eût brillé un des premiers, si le hasard l'avait placé au milieu d'un centre artistique.

Revenons à notre portrait.

Le personnage est assis dans une de ces chaises gothiques, faites en forme de banc d'église et dont le haut, sculpté en ogives et à nervures, est de forme très élevée. On appelait, je crois, ces meubles des *faudesteuils*.

Notre personnage est coiffé d'un chaperon pourpre, bordé de fourrure. C'est une espèce de turban à drapeau, de forme assez élevée et qui se rapproche beaucoup plus de la coiffure d'Hubert Van-Eyck que de celle de Philippe-*le-Bon*, ce qui mérite d'être remarqué. Sa robe, bleu d'outremer, est également bordée de fourrure; ses bras en sortent par de grandes ouvertures tailladées, bordées de fourrures et qui laissent pendre la manche jusqu'à la ceinture. C'était le vêtement de fête des riches bourgeois et des artistes d'alors, car le dévergondage du siècle était trop grand pour que les vieilles coutumes restassent dans leur entier et les lois somptuaires respectées. Chacun, et les artistes surtout, marchant souvent à la suite des *hommes de cour*, cherchait à les imiter du mieux possible (1).

______

(1) Dans les *Droits nouveaux* de Coquillart, le père dit à la mère qu'il n'est pas permis à une fille bourgeoise de porter de *grans estatz*, mais la

Il n'est revêtu d'aucune marque honorifique.

A côté de lui, à droite, se trouve un pliant, semblable en tous points à ceux dont nous nous servons encore; auprès se voit un de ces pupîtres ou *armaria*, dont nous avons déjà parlé et sur lequel se trouvent plusieurs livres dont un ouvert. Il a la main gauche posée sur le livre et tient une plume de la main droite, dans l'attitude d'un homme qui médite sa phrase.

A gauche on remarque un autre pupître, sur lequel se trouvent un encrier et un fourreau de scribe.

Dans le haut de l'appartement, l'œil aperçoit un rayon sur lequel sont étalés quelques livres dont un est ouvert.

Le plancher de ce cabinet de travail est recouvert d'un tapis vert à carreaux, séparés les uns des autres par des filets d'or, à moins que ce ne soit le plancher lui-même. Dans la peinture de ce plancher l'artiste a montré une grande exactitude, car nous retrouvons le même dans plusieurs manuscrits de cette époque.

Ces miniatures du Moyen-âge sont des archives de mœurs et coutumes et rien n'est curieux comme d'y suivre les modifications apportées aux costumes et aux meubles de siècle en siècle, que les artistes nous rendent avec un scrupule qui, s'il ne prouve pas une élévation d'idée toujours bien grande, nous montre chez eux des mœurs simples et une tranquillité d'esprit que nous ne sommes pas sans envier.

---

mère, qui est femme, veut qu'on *damoiselle* sa fille, et de par le *droit nouveau*, quoique

> Chascun fait velours enchérir,

sa fille aura hermine et velours, écarlate et fourrure, robe à quinze tuyaux et l'avenant. On voit qu'à cette époque ce n'est pas toujours dans les costumes qu'il faut rechercher les rangs.

Cependant, nous devons le dire, là n'est pas l'art. Il faut à l'art la vie et les mouvements et non le terre-à-terre des habitudes journalières. PILAVAINE semble l'avoir compris. A part les costumes, il nous apprend peu sur les mœurs de son temps; il se trouve plus à l'aise dans les tableaux héroïques que dans la peinture des mœurs et ses dessins cherchent plutôt à émouvoir qu'à plaire par le fini du travail et les accessoires qu'il dédaigne volontiers, contrairement aux autres rubricateurs.

Le portrait que nous venons de décrire longuement est-il le portrait fictif du chroniqueur *Martin Polonus*, pénitencier du pape Nicolas III qui mourut en 1281 ?

Non, car Martin Polonus était un moine et PILAVAINE ne l'eût pas habillé d'un costume bourgeois. Que les artistes de cette époque aient revêtu les anciens du costume de leur temps, cela se comprend, ils ne connaissaient pas ces costumes, mais l'habit religieux ne changeant pas de forme, ils devaient nécessairement ne lui apporter aucune modification (1).

Quand les *pourtraiteurs* du XVe siècle nous représentent un moine, c'est dans son costume monacal qu'ils nous le peignent; nous en avons un exemple dans la deuxième vignette des chroniques de Jacques de Guise (*Bibliothèque de Bourgogne*, n° 9242). Hemling nous le montre dans son habit de minime, et il en est toujours ainsi quand l'auteur du livre était religieux. Il eût été téméraire d'agir autrement et la tradition avait trop d'empire pour que les artistes essayassent de se dérober à ses lois.

Est-ce le portrait du sire de Croy, comte de Chimay ? mais

---

(1) Il en fut de même pendant tout le Moyen-âge, pour le Christ, la Vierge et les Apôtres qui conservèrent le même type, à de rares exceptions près.

ce comte était décoré du cordon de la Toison d'Or et nous voyons que dans la première miniature du manuscrit cité plus haut, ainsi que dans ceux du célèbre Picard, David Aubert, où figure la cour des ducs de Bourgogne, l'artiste a le soin de revêtir ces ducs de leurs plus beaux costumes et de leur passer au cou le collier de l'ordre, tandis que lui, à genoux et la tête découverte, porte le simple costume du tiers-état ou bourgeoisie.

Dans la miniature dont nous parlons, Hemling à genoux, présente un livre à Philippe-*le-Bon*, son souverain. Son chaperon noir pend sur son épaule. A part la couleur, cette robe et ce chaperon sont semblables à la robe et au chaperon du personnage que nous pensons être PILAVAINE.

Qu'il me soit permis de citer encore un exemple, pris à l'époque même où vivait notre artiste Péronnais.

Le n° 9017 de la même bibliothèque nous représente *David Aubert, d'Hesdin*, présentant à Philippe-*le-Bon*, duc de Bourgogne, *la composition de la Sainte Ecriture*.

Il est à genoux, tenant en main son livre, mais aucune marque distinctive ne le pare, tandis que le duc et les seigneurs de sa cour portent au cou les marques de leurs dignités.

Au bas de cette miniature se trouve, comme il était d'usage, les armes du prince auquel l'artiste présente son œuvre (1).

C'est ainsi qu'en dessous du portrait de PILAVAINE, nous

---

(1) Nous trouvons, à la même époque, sur le titre du *Pas d'armes de la Bergère* (Ms. de la biblioth. nat. de Paris) les armes du connétable de St.-Pol, à qui le livre est dédié, encadrées dans l'initiale qui commence le ms., tandis que plus bas, Louis de Beauvau, l'auteur, y a placé les siennes propres, avec le cri de guerre : SANS REPARTIR. La vignette est encadrée par les houppes du connétable, or et azur, qui faisaient partie de ses armes, comme de celles de l'archiduc Philippe-*le beau*, père de Charles-Quint.

voyons les armes des Croy de Hongrie, de la branche de Chimay, qui sont au 1er et 4e d'*Airaines*, en Picardie (2), d'*argent à trois fasces de gueules* et de *Renty*, qui sont aussi d'*argent à trois doloires également de gueules, les deux adossés en chef et l'autre en pointe :* portant en abyme l'écu au 1er et 4e de Craon et au 2e et 3e de Flandre.

L'absence de toute marque honorifique et le soin que Pilavaine a pris de nous faire connaître qu'il était l'auteur des dessins du livre, nous induisent à croire qu'il a fort bien pu se représenter lui-même dans cette miniature dont nous donnons un fac-simile.

Cependant nous devons dire que l'usage d'alors était de faire mettre l'auteur à genoux pour présenter son livre à celui qui

---

(2) Marc de Hongrie, troisième fils d'André III, roi de Hongrie, chassé par son frère, se réfugia en Picardie. Il épousa Catherine, héritière des maisons de *Croy*, *Airaines* et autres lieux, en Picardie, à la condition que les enfants nés de ce mariage abandonneraient les armes de Hongrie pour celles de *Croy-Airaines*. Voilà bien l'orgueil féodal dans tout son jour. Un pauvre baron picard tenant plus à son nom et à sa lignée qu'au nom et à la lignée d'un roi ! Voilà bien le Moyen-âge. — Qui t'a fait comte ? — Qui t'a fait roi ?

La bibliothèque royale de Bruxelles, possède une curieuse généalogie de la maison de Croy. C'est un volume in-fo de 44 planches, gravées par Jacques de Bye, vers 1620. Ces planches appartiennent à la maison de Croy. Ce livre n'a jamais été dans le commerce, mais fut donné en cadeau à quelques personnes.

On y voit les portraits en pieds de tous les seigneurs d'*Airaines*, en Picardie. Une des dernières gravures représente *Airaines* avec son château en ruines et la duché de *Croy.*

Il est à souhaiter que la riche bibliothèque d'Amiens trouve à acheter ce livre rarissime.

Scobier a également publié de la même maison une généalogie devenue fort rare. *Généalogie de la maison de Croy..* Douay 1589. Pt., in-fo, figures enluminées.

le lui avait commandé. Nous ajouterons que l'air fier de ce personnage ne nous indique pas le modeste *pourtraiteur* qui reçoit le prix de son salaire et qui, d'ordinaire, se montre si humble et la tête découverte.

Mais ici nous n'avons qu'un seul personnage et nous n'avons pas lieu de croire que Pilavaine eût mis une plume dans la main de Jean ou de Philippe de Croy qui étaient des hommes de guerre et non des lettrés. Sa manière hardie de comprendre ses sujets s'arrange assez bien avec nos suppositions (1).

En admettant même, comme nous le dirons plus loin, que ce manuscrit fût fait d'après les ordres de Jean ou de Philippe de Croy, Pilavaine eût-il oublié, contre tous les usages des miniaturistes de son temps, de le décorer du collier de la Toison d'Or (2) ?

---

(1) L'usage des enlumineurs de se représenter en tête d'un manuscrit est fort ancien. Le manuscrit de Dioscoride, fabriqué sous l'empereur Anicius Olibrius, mort en 472, nous en offre l'exemple. Il est dédié à sa fille.

(2) Il est presque toujours facile, malgré la similitude des costumes, de trouver dans les manuscrits la différence entre le noble et le bourgeois ; le cou du noble — il est riche — est en général décoré d'un ordre quelconque, sa toque est ornée d'une pierre précieuse ou d'une aigrette. Il est entouré par sa cour ; il a des chiens et des pages. Il lui faut du bruit et du tapage, au seigneur. Quand il passe sur le sol, on entend le cliquetis des armes ; le gibier et les serfs brâment. Quant au pauvre auteur, au miniaturiste, au calligraphe, ils ont besoin de silence, aussi sont-ils toujours seuls, assis dans leurs grandes chaises et méditant, loin du bruit, dans ces petites chambres, éclairées par un pâle rayon de soleil et qui semblent faites exprès pour la pensée. Pour quiconque examine avec attention ces figures méditatives, l'avenir est là. Le miniaturiste, l'artiste, occupant la première place du livre, sont comme les portails du monde nouveau ; ils en sont les gardiens. Place aux cicérone qui vont nous introduire dans le temple de la science et de l'art. (Voyez les manuscrits d'*Othea*. Les *Chroniques de Jacques*

Jacobus de Bye, dans les portraits qu'il nous a laissés des seigneurs de Croy de la branche principale, (1) nous les montre, même à la fin du XVIᵉ siècle, avec le grand costume de la Toison d'Or. Tous les portraits de ces seigneurs avant 1500 sont peints sans barbe, or il est à remarquer que notre manuscrit, datant de la moitié du XVᵉ siècle, n'a pu représenter en grande barbe un Croy, alors qu'il n'était pas d'usage que les seigneurs en portassent à la cour de Bourgogne.

Quoiqu'il en soit, qu'on veuille bien nous pardonner cette longue dissertation sur notre personnage problématique ; l'intérêt même de la question que nous traitons nous obligeait à ne rien laisser passer pour arriver à une connaissance plus parfaite de sa personnalité.

Ceci dit, nous arriverons à l'étude de l'œuvre de PILAVAINE, c'est-à-dire aux douze grandes miniatures des *Chroniques Martiniennes.*

FIN DE LA PREMIÈRE PARTIE.

---

de Guise. (Bibl. des ducs de Bourgogne. *Le livre de mutation de fortune.* (Bibl. de Munich), etc., etc., et tous ces admirables manuscrits du XVᵉ siècle qui sont comme l'avant garde de l'ère nouvelle.

(1) Livre. Contenant. La. Généalogie. Et. Descente. De. Ceux. De. La. Ligne. Principale. Estant. Chef. Du. Nom. Et. Armes. D'Icelle. Que. Des. Branches. Et. Ligne. Collatérale. De. La. Dicte. Maison. JACOBUS DE BYE. SUE EXIT. SCALPTOR FEC.

DEUXIÈME PARTIE.

Nous allons, dans cette deuxième partie de nos recherches sur PILAVAINE, passer en revue la galerie de tableaux laissée par notre artiste Picard. Que le lecteur veuille bien nous suivre dans un *salon* du XVe siècle ; sans nous montrer trop aristarque, nous essayerons de lui faire connaître ce qu'était l'art à cette époque et l'un de ses représentants.

On ne doit pas s'attendre à trouver ici de ces toiles qui annoncent la puissance de l'art, soit comme forme, soit comme pensée et qui remuent dans nous les plus nobles émotions de l'âme. L'art moderne n'est pas né ; l'artiste participe de la vie du siècle. Le monde, las de batailles, est comme endormi dans la servitude. Le temps des grandes choses n'est pas encore venu. L'art est naïf et n'a rien de viril ; il n'instruit pas, il amuse : de là la petitesse et le fini des tableaux, la minutie des détails, la richesse des accessoires, et, nous devons le dire, aussi l'immoralité des sujets.

Le livre est devenu une des nécessités de l'époque ; il est le complément de la richesse et de la mode, et la dépravation a ses coudées franches pour s'y glisser : elle n'y manque pas. Quand les peintres n'avaient que les murailles et les verrières pour y exercer leurs talents, ils devaient se renfermer dans les bornes prescrites par la décence et l'habitude de peindre en grand, éloignait leur imagination du dévergondage, mais corrompus par les mœurs scandaleuses des seigneurs à la suite desquels ils marchaient, il leur fut plus facile, pour plaire à leurs maîtres, de cacher dans les livres la dépravation de leur esprit et leur lâche complaisance. L'art ne pouvait grandir dans un temps où les idées élevées étaient l'exception. L'admiration que nous avons pour les miniaturistes de ce temps n'est donc que relative. L'art ne doit pas être un but, mais un moyen et nous admirons plutôt dans les miniaturistes l'habileté minutieuse de leurs pinceaux que l'idée synthétique qui presque toujours leur fait défaut. Un temps sans morale ne peut produire qu'un art sans consistance, aussi dès que les idées élevées s'eurent fait jour, la miniature disparut pour faire place aux grandes conceptions, et l'art marcha l'égal de toutes les parties de l'intelligence humaine.

Comme l'acteur caché derrière le rideau, l'art attend que les spectateurs soient prêts. Le XVIe siècle ne tardera pas à sonner à l'horloge du temps, et avec lui naîtra l'enthousiasme pour les grandes choses, et avec l'enthousiasme pour les grandes choses, l'art deviendra viril et l'humanité recommencera son histoire. A cette époque les miniaturistes ne sont plus que les derniers représentants d'un art qui se meurt. Ils ont préparé la voie à plus grands qu'eux, il est vrai, mais n'étant plus du temps, le temps les abandonne et leur art devient un métier qui disparaîtra bientôt devant les grandes découvertes de la science.

Il faut donc (chose assez difficile, j'en conviens,) les juger, non avec l'esprit de notre temps, mais comme auraient pu le faire les intelligences avancées du siècle qui va suivre.

Quant à la mécanique de l'art, il nous serait de peu de profit de la connaître, c'est plutôt dans l'ensemble et la composition de l'œuvre que nous devons chercher l'influence exercée sur l'avenir par les artistes. Nous n'aurions aujourd'hui que du dédain pour leur manière. Gardons-nous de cet orgueil : sachons leur tenir compte de leurs efforts et demandons-nous si, placés dans leur milieu, nos grands artistes eussent mieux fait qu'eux. Ce qu'ils ont laissé de bien appartient à l'avenir ; leurs défauts sont du temps. Ce n'est pas à dire que nous ne devions signaler ces défauts, mais gardons-nous de le faire avec un parti pris de dénigrement. Faisons-le sagement et pour avoir de leur personnalité et de leur influence une idée plus exacte.

1re MINIATURE.

La Création du Monde.

De la formation d'Adam et comment il fut boutez hors du Paradis terrestre. De Chayn et de ceulx qui de eulx yssirent.

Cette miniature est entourée de riches arabesques, hauts en couleurs et variés de ton. A gauche se dresse, du haut en bas de la page, un immense gonfanon, tenu dans le bas par un lion héraldique. Le drapeau vole au vent. On y remarque l'écusson des Croy d'Amiens ou d'Airaines, et les armes de Renty. Le fond de ces dernières est noirci par le temps, vu la facilité de l'argent à changer de couleur.

Les mots :

Moy seul,

qui sont le cri de guerre de la branche collatérale des Croy, s'étalent sur les plis et reviennent dans les ornements de chacun des arabesques du manuscrit. (1).

La miniature se divise en deux parties qui sont réunies sur le même plan et sans transition : *la création de l'homme et de la femme* et *Adam et Eve chassés du Paradis terrestre*. Presque toutes les miniatures de Pilavaine nous montrent ainsi le commencement de l'action et son dénouement. Quoique diminuant l'unité de l'action, cette manière n'est pas sans intérêt, en ce sens qu'elle nous fait embrasser d'un seul coup d'œil toutes les péripéties du drame que nous offre l'artiste. (2).

Dieu, nimbé d'or, — suivant l'usage assez ridicule de ce temps, quoique né d'une pensée immatérielle, l'émanation de la divinité,— est vêtu d'une longue robe lilas, parsemée d'or. Il étend sa main sur Adam endormi et de la côte duquel Eve sort à mi-corps.

A gauche nous assistons à la chûte de l'homme et l'ange chasse Adam et Eve du Paradis. Tous deux sont dans un complet état de nudité. La faute et ses suites s'offrent en même temps à notre attention.

Quoiqu'imparfaite, cette peinture n'est pas sans mérite.

L'art est déjà réaliste. On n'y remarque pas, comme dans

---

(1) L'autre branche criait: *Quy vouldra.* On remarque aussi cet usage dans les manuscrits d'Hemling et de David Aubert : en dessous des armes de Bourgogne on lit les cris de guerre de cette maison : *Monjoie* et *Aultre Narey.*

(2) Ce mélange est assez dans l'esprit du temps. Plusieurs des compositions de Raphaël nous en offrent l'exemple.

les miniatures précédentes, les influences de l'école Byzantine, continuée par l'école de Cologne. L'étude de la nature a fait pâlir l'idéal et l'artiste cherche plutôt une exacte imitation qu'un mysticisme traditionnel. Les figures n'ont plus la naïveté charmante mais mensongère des anciens temps ; elles ont un cachet individuel et ne sont déjà plus la commune expression de communes croyances.

La chevelure d'Adam est d'un noir d'ébène, symbole de la force ; celle d'Eve est d'un blond ardent, image de la beauté du Nord.

Le dessin, quoique incorrect souvent, est assez largement compris. Les draperies, qui enveloppent Dieu le père, ne sont pas trop larges et les plis en sont disposés élégamment. Quant au paysage, il ne répond pas à l'entente des détails. Il manque de perspective et la verdure y est massée avec fort peu de goût. La composition est heureuse. Le coloris est vif, plein d'éclat ; un peu dur peut-être.

Quoique les formes du corps ne soient plus allongées comme dans l'époque précédente, elles sont disgracieuses et montrent une absence complète d'études anatomiques.

Ce n'était cependant pas la décence qui empêchait les artistes de ce temps d'étudier le nu, sans lequel il n'est pas d'art, car les mœurs de l'époque ne sont rien moins que chastes, et les enlumineurs de bonne volonté peuvent voir sur les théâtres, en pleine rue, des femmes entièrement nues, jouant des personnages mythologiques et sur les justaucorps des seigneurs de la cour, une figure qui n'est rien autre que le phallus antique. (1).

---

(1) Beaucoup de miniatures de cette époque seraient dignes de figure, au milieu des fresques lubriques de Pompéi. Les peintres flamands surtout

Mais la perspective, que venait de découvrir Jean Van Ecyck, peu d'artistes savaient en appliquer les principes au corps humain, en sorte que cette étude resta la dernière à connaître dans le domaine de l'art absolu.

2e MINIATURE.

Le Passage de la Mer Rouge.

Comment Moyse et les Hébrieux passèrent la Rouge Mer et Pharaon et ses gens furent tous noyez.

Dans le fond, d'un lointain bleuté, une ville s'étend sur toute sa largeur. L'armée Egyptienne, en *cabans* et *hocquetons*, se précipite dans la mer. Les Hébreux, Moïse en tête, vêtu d'une robe bleue et d'un manteau rouge, se tiennent sur le bord. A côté de Moïse, on remarque un grand prêtre habillé en évêque. Des moines portent le tabernacle, qui ressemble à

---

se *distinguèrent* dans ce genre et quelques-unes de leurs bibles auraient réjoui les yeux du marquis de Sade.

L'hôtel-de-ville de Louvain étale sur sa riche façade des figures en ronde bosse, représentant des scènes de la Bible, admirablement travaillées, mais où l'artiste est allé jusqu'aux dernières limites du cynisme.

C'est une chose aussi singulière que pénible à avouer, que l'art matériel gagna à la représentation de ces scènes indécentes. Obligés, pour plaire à leur temps, d'étudier le côté plastique de l'art, les artistes abandonnèrent la tradition, en mettant de côté les amples draperies des siècles précédents ; ils commencèrent à observer le corps et les diverses fonctions des membres et s'ils firent servir leurs études à rendre des sujets indécents, c'est que la corruption du temps était encore plus grande que leur talent.

Nous n'avons rien de pareil à reprocher à notre PILAVAINE. Il est vrai d'avouer que le manuscrit qui nous occupe est antérieur à l'époque dont nous venons de parler.

une chasse du XIVe siècle. La composition de ce tableau est bien conçue et ce groupe de prêtres, adressant des actions de grâces au Dieu des armées, est d'un excellent effet. La mer est peinte sans aucun art, pas plus que les bords qu'elle cotoie, c'est plutôt une chûte d'eau qu'un océan et les Egyptiens ont vraiment du malheur de se noyer dans une aussi vilaine chose.

Maintenant nous quittons l'histoire sacrée pour l'histoire profane.

3e MINIATURE.

Destruction de Thèbes.

Comment le duc d'Athènes ardy et détruisy Thèbes et enmena la royne et ces ij filles.

L'artiste est ici plus à son aise; on voit qu'il peint son temps, ce qu'il a vu, les grands coups de lance, les ruines des villes, les pillages, les incendies, toutes choses que le Bourguignon aimait plus que nulle chose au monde, comme le dit Comines.

Le siége de Thèbes est tout bonnement le siége d'une ville au XVe siècle. Seulement PILAVAINE, plus intelligent que ses devanciers, ne donne aux assiégeants que des arcs et n'oblige pas *le duc* d'Athènes à tirer le canon sur la ville aux cent portes. Les Thébains sont simplement armés d'arc et se défendent assez mollement. Il est vrai que les assaillants n'attaquent pas avec beaucoup de vigueur.

Pour notre part, nous regrettons cette intelligence de PILAVAINE, car si, à l'exemple des miniaturistes de son temps, il nous eut donné complètement le siége d'une ville au XVᵉ siècle, nous aurions sous les yeux les ribauldaquins, les serpentines, les fauconneaux et autres pièces d'artillerie du temps qui, en nous éclairant sur cette partie de l'art militaire de nos ayeux, nous permettraient d'assigner une date plus précise à notre manuscrit et à la naissance de son auteur.

Il est à croire que si l'auteur du livre, fidèle aux mœurs féodales, n'eut pas fait de ses guerriers des barons, et des vassaux de leurs soldats, l'artiste eut eu l'intelligence de l'époque narrée et ne l'aurait pas suivi dans ses errements.

Quoiqu'il en soit, nous avons sous les yeux l'appareil des fortifications d'une ville de ce temps, les tours, les défenses avancées, les portes et les murailles et l'art peut encore apprendre dans l'étude de ses monuments écrits, plus solides que les monuments eux-mêmes et qui nous sont restés comme un exemple de la supériorité de la force intellectuelle sur la force brutale.

4° MINIATURE.

Destruction de Troie.

D'Athènes passons à Troye et voyons

Comment Troyes fu Traye et le roi Priam occis et le feu boutez en la ville.

Nous ne devons pas nous attendre à trouver ici une traduction littérale d'Homère. Les Grecs sont ces mêmes guerriers moyen-âge que nous avons déjà vus à l'œuvre. Sa Majesté le roi Priam est habillé comme le roi de France dans ses jours d'apparat. C'est un brave monarque qui a mis ses habits de fête pour mourir et qui semble en avoir fait son deuil. Il est monté sur un échafaud ; à côté de lui se trouve un soldat, faisant les fonctions de bourreau et se disposant à le décapiter avec un grand sabre, car notre artiste est de son temps et se gardera bien de tuer un noble comme un roturier. Il a vu Louis XI donner de la besogne au bourreau et peut-être est-il voisin de la maison où le Téméraire fera arrêter son cousin et ami le connétable pour le livrer à son royal ennemi. (1).

Cependant, malgré la différence des costumes, l'artiste a compris le personnage de Priam. Au milieu de ces soldats, il n'en fait pas un soldat, mais un vieillard vénérable dont la pose est pleine de majesté et la figure chargée de tristesse.

Le sac de Troie est le sac d'une ville au moyen-âge. Les maisons sont des maisons de bois.

Il y a beaucoup de mouvement dans cette composition sagement entendue et traitée avec fougue.

5ᵉ MINIATURE.

David tue Goliath.

Nous retournons en Judée pour savoir

Comment Samuel enoindy David a roy et comment il occist Goliat le Gayant de sa fondeffe.

On voit de suite que notre artiste demeure dans un pays où les géants ont droit de cité. Goliath est bien l'homme qui

____

(1) « Dès que ledit duc, (Charles-*le-Téméraire*) apprit la prise de St.-
« Quentin, il manda au sieur Demery, son grand bailli de Hainaut, qu'il fit

s'avance vers David d'un air de mépris : « Viens vers moi
« et je donnerai ta chair aux oiseaux du ciel et aux bêtes
« des champs. » Il est inutile de répéter que Goliath est un
guerrier du moyen-âge, tout bardé de fer, et que David est
le jeune berger, armé de sa fronde, que vous savez. Mais ici
les mœurs du temps ont concouru à rendre cette figure vraie
en tous points. C'est bien là le géant qui portait un casque
d'airain sur la tête et dont le corps était couvert d'une cui-
rasse à écailles et les jambes garnies de jambrières. Il était
difficile de mieux traduire l'écriture. (1).

Sur le même plan, car (nous l'avons déjà fait remarquer,
notre artiste tient peu à la synthèse, mais plutôt, comme les
dramaturges, à l'unité de temps et lieu) sur le même plan,
disons-nous, Goliath est renversé et David, armé de son
grand sabre, lui coupe bravement la tête, en sorte que nous
assistons au *débattement* d'un cadavre que nous avons en vie
devant nous.

Dans le haut on remarque d'un côté une ville et de l'autre
une armée de guerriers qui représentent assez bien les Phi-
listins armés de la lance dont parle l'écriture.

Cette miniature ne manque pas de certaine grandeur et
Goliath est bien ce géant fanfaron qui fait peur à la *mer-
daille*, comme dit le chroniqueur et dont le vainqueur, ainsi

---

« garder la ville de Mons, afin que le connétable n'en pût sortir et qu'il lui
« fut défendu de quitter son hôtel. Ledit bailli n'osa refuser et le fit... et
« ledit duc fit mener ledit connétable à Péronne étroitement gardé.» (Comines.)

(1) Les premiers essais de xylographie ne sont que la grossière repro-
duction des miniatures. On peut comparer le Goliath des *Chroniques Martiniennes* avec celui de la 28ᵉ page de la *Bible des Pauvres*. Il en est de même
de l'imprimerie.

que dans les contes de fées, obtiendra en mariage la fille du roi.

Quant à David, c'est, comme nous l'avons dit, un pauvre pâtre, armé de la fronde et qui n'a pour toute fortune que le costume avec lequel il pait ses brebis et dans lequel il nous serait difficile de reconnaître celui que Samuel *énoindra à roy*.

6e MINIATURE.

Fondation de Rome.

De la Judée passons dans le Latium et voyons

Comment Romulus fonda la cité de Romme.

Ici se revèle de nouveau l'intelligence de notre PILAVAINE. Il a compris que Romulus était avant tout un guerrier ; il n'en fait pas, comme de Priam, un homme à longue barbe, mais un soldat bardé de fer. Il est posé fièrement sur son cheval de guerre. C'est bien l'homme nourri par la louve. Il vient visiter les ouvriers qui élèvent la ville éternelle. Sur la housse du cheval, housse en drap d'or, on remarque l'aigle impériale. Un nombreux corps d'armée suit Romulus.

Toute cette scène est agencée avec science et la disposition des personnages et des couleurs est fort remarquable.

Rome n'est pas une ville ordinaire, c'est la *cité de Rome*, (civitas) aussi ses monuments font-ils déjà deviner sa grandeur. Le moyen-âge ne s'était pas encore dépouillé du vieil homme, pour comprendre les modestes origines de cette orgueilleuse cité. Il n'était pas possible qu'à ses yeux la Rome des papes et des empereurs eut jamais été quelques pauvres huttes de bergers, ou des cavernes de bandits. Toute la suite de Romulus est brillante ; on y sent la cour de Bourgogne.

7e MINIATURE.

Judith va trouver Holoferne.

L'artiste va nous conduire en Judée de nouveau pour nous apprendre

Comment Judith coppa la teste au duc Holofernes et l'emporta et son riche ancelier aussy.

Le général de Nabuchodonosor est ici un duc féodal. Judith, en prières, demande à Dieu *d'accroître sa beauté*, pour séduire ledit duc. Elle est vêtue de rouge, la couleur du sang qu'elle va répandre. Puis on la voit près du lit d'Holoferne, que l'artiste nous a retracé endormi et vu de face, par un effet en racourci. Au pied de son lit sont ses armes, et près de lui un garde endormi, dans la position de ceux qui veillent d'ordinaire sur le tombeau du Christ. L'armée d'Holoferne est dans le fond du tableau et la ville de Béthulie sur la droite. Dans le ciel bleu, au delà des monts, plane, à mi-corps, le buste du père éternel, nimbé d'or, qui regarde l'évènement avec tranquilité.

Cette miniature est une des moins réussie de ce manuscrit.

8e MINIATURE.

Darius vaincu par Alexandre.

Nous quitterons la Judée pour n'y plus revenir et nous

suivrons, avec Pilavaine, le grand Alexandre dans ses conquêtes.

L'auteur va nous dire

Comment Alexandre desconfy le roy Daire pour la tierce fois.

Ici la bataille est engagée. Comme celle du célèbre Lebrun elle se donne sur un pont, trop petit, il est vrai, pour tant de personnages, mais la mêlée est si grande que force vous est d'oublier ce détail. L'attention est concentrée sur le combat singulier d'Alexandre et de Darius, armés de pied en cap et combattant vaillamment. Mais le roi Darius est bientôt déconfit et *son armée qui déjà avait été deconfite par deux fois et qui était assez mal en point fut incontinent tournée en déconfiture, et tous morts ou en fuite.*

Ici encore, même intelligence de Pilavaine ; nous ne voyons ni fusils, ni canons, mais des archers armés d'arbalètes et d'épées.

Cette planche est une des belles miniatures du manuscrit.

9e MINIATURE.

Bataille de Cannes.

Elle nous montre

Comment Hanibol déconfit mallement les Rommains et envoya à Cartaige iij muys d'Aniaulx d'or qu'il avoit ostés des dois as Rommains.

Cette miniature est peut-être la plus belle du manuscrit.

On sent que l'artiste est à son aise au milieu des coups de lance et que ses patrons *étaient autant hardis comme homme qui ait combattu de leur temps.*

Au fait, la guerre n'est-elle pas la noble occupation du siècle et n'a-t-il pas vu l'ennui des grands vassaux, quand l'année se passait sans batailler? Les échos répètent encore partout les noms d'*Armagnac* et *Bourgogne*, et les cris de *St.-Georges à la rescousse* font toujours trembler les pauvres paysans. Annibal sera le grand duc de Bourgogne et Paul Emile le duc d'Orléans.

Dans le fond du paysage, on voit une ville qui est censée représenter le village de *Cannes*. De chaque côté de l'armée s'élève une forteresse. Après le combat, Annibal à cheval donne des ordres à un varlet qui tient de ses mains une cassette pleine d'anneaux d'or.

Le souvenir de la bataille des éperons n'était pas si éloigné pour que le cœur de l'artiste ne dut pas saigner du rapprochement.

Quoique traitée avec fougue, cette miniature est de beaucoup inférieure à celle d'Hemling, qui a traité le même sujet dans les *Chroniques de Jacques de Guise.* La grande bataille de *Cannes* n'est plus ici un simple épisode, mais une bataille en règles; tout y est mieux entendu et aucun de nos peintres modernes n'a mieux fait. Les accessoires y sont traités de main de maître, et la mer, l'eau du fleuve, les rochers et le paysage, composés savamment, atteignent à l'exactitude la plus grande.

Il est vrai de dire que, toutes les figures étant plus petites, il y avait plus de facilité pour les réussir.

Dans Pilavaine, il semble que l'artiste ait plus visé à l'effet théâtral qu'à la composition dramatique du sujet en lui-même, et c'est là un défaut qui lui est fréquent. Il cherche à attirer la vue sur un groupe et néglige assez volontiers le reste. Il y a là un sentiment artistique réel, mais malheureusement il y a absence de vérité et nous aimerions mieux moins de préoccupation et plus d'exactitude. L'intérêt qui se porte sur Annibal nous fait perdre de vue la bataille et le but n'est pas rempli. Mais ce défaut lui vient du temps ; il a peint la guerre comme on la faisait alors.

Remarquons qu'Hemling, pas plus que PILAVAINE, n'a trouvé bon de placer des éléphants au milieu du combat.

10e MINIATURE.

Ruine de Numance.

Ce dessin nous représente

Comment ceulx de Numance ardirent eulx et la cité.

La victoire d'Annibal porte ses fruits. La haine des Romains pour les Carthaginois a fait naître la troisième guerre punique. L'Espagne a embrassé le parti de Carthage. Malheur à elle ! Numance est livrée aux flammes.

L'artiste nous peint encore son temps. Ham et Nesles fument encore sous leurs débris et les *bons bouchers* du duc Charles savent leur métier. La vue du sang rend insensible aux massacres. C'est *mauvais signe de longue durée,* comme le dit Comines, et la folie du *Téméraire,* va bientôt le conduire dans les plaines de Nancy, où la grandeur de la maison de Bourgogne sera *déconfite* comme celle de Priam et du roi *Daire.*

C'est une guerre punique que celle de ces deux princes,

Louis XI et Charles de Bourgogne , mais le renard saura bien vaincre le lion.

11e MINIATURE.

Conquêtes de César.

De la ruine de Numance nous passerons aux conquêtes de César et nous verrons

Comment César desconfyt les Helnechois.

César ! voici un des noms magiques du moyen-âge, un des vaillants paladins de la table ronde ! Sa gloire a effacé le sang qu'il a répandu et les fils oublient la haine qu'ils devraient avoir pour l'homme dans la gloire qu'à acquise le guerrier. Il est grand batailleur , cela suffit et le chroniqueur n'aura pas de larmes pour les Helnechois , les Belges et les Bataves. Pourquoi se sont-ils laissé vaincre ? Malheur aux vaincus !

La bataille se donne entre des cavaliers armés d'arcs et de lances. César, comme un duc de Bourgogne faisant sa joyeuse entrée , est bardé de fer. Son armure est recouverte par un grand manteau qui ondule avec grâce. Il s'avance avec fierté. Vaincus ! saluez le maître du monde !

L'ensemble de cette composition est dessiné avec beaucoup d'art. Les figures des personnages sont remarquables.

12e et dernière MINIATURE.

Bataille de Pharsale.

Nous arrivons à la fin de l'œuvre de PILAVAINE. C'est encore le grand César qui fera le sujet de ce dernier tableau.

Cette fois, il ne foulera plus aux pieds les vaincus, il sera le chef de la guerre civile. Le peintre nous montrera la

Bataille de Thessalle et comment Pompée s'en party.

Nous sommes en Grèce, mais pour l'artiste du moyen-âge, à part Jérusalem, toutes les villes se ressemblent et celle qui occupe le fond du tableau est aussi bien une ville Picarde ou Flamande qu'une ville de la Macédoine.

La perspective n'est pas le fort de notre artiste, mais si ses lois sont violées en plus d'un endroit, une grande vérité dramatique préside à l'action principale. La mêlée est terrible et l'artiste a compris qu'il s'agissait pour les concurrents de l'empire du monde.

César et Pompée, au beau milieu de la bataille, combattent à grands coups d'épée. Le beau père et le gendre oublient amitié et parenté et frappent dur. Chacun devine que la défaite est la mort.

PILAVAINE a fini son œuvre par un coup de maître. Cette miniature, qui vaut mieux que bien des tableaux du temps, est la plus belle du manuscrit.

Malgré le peu de grandeur des personnages, l'ensemble de l'action, les mouvements des combattants sont rendus avec bonheur et hardiesse et il n'est pas possible de désirer une meilleure composition pour le temps. Hemling seul pouvait traiter ce sujet avec plus de fini, mais peut-être avec moins d'audace.

Cette miniature termine à peu près le livre, dont le dernier chapitre nous conduit au règne de Tibère et nous dit

Comment il envoya P. Pylate en Judée.

Peut-être PILAVAINE a-t-il continué la suite de cette histoire universelle, depuis Jésus-Christ jusqu'à son temps. Nos recherches nous apprendront sans doute quelque chose à cet égard.

Voici les deux inscriptions par lesquelles se termine l'œuvre de Pilavaine que nous venons d'analyser :

« *Expliciunt les Histoires Martiniennes, escriptes par Jacq-*
« *mart Pilavaine escripvan et enlumineur demeurant à Mons,*
« *en Haynault, natif de Péronne, en Vermandois.* »

Il y a une légère différence dans l'écriture de la seconde inscription, dont l'encre a conservé un moderne caractère de fraîcheur. La voici :

« *Ce livre est appellé les Martiniennes, traittant de la créa-*
« *tion du monde et des fais et rengne de pluiseurs empereurs*
« *du il y a XV histoires leq¹ est à Monsᵣ Charles de Croy*
« *comte de Chimay.* »   Charles.

Comme nous le disons plus haut, cette inscription, de la main du comte de Chimay, est de plus fraîche date que l'encre et l'écriture de Pilavaine qui sont celles de tout le manuscrit.

Le propriétaire du livre a voulu par cette inscription reconnaître sans doute sa part de l'héritage de son père, et la chose est facile à comprendre, vu la valeur des manuscrits à cette époque. Sa signature imite le paraphe de celle de Charles-*le-Téméraire*.

Ce Charles de Croy fut le premier prince de Chimay. Il fut le parrain de Charles-Quint, et Chimay, qui avait été érigé en comté en 1473, fut pour lui créé principauté en 1486.

Il devint héritier du comté à la mort de Philippe, son père, en 1483. Ainsi la deuxième inscription que nous avons rapportée, où se trouvent sa signature et l'indication de *comte de Chimay*, n'a pu être écrite que de 1483 à 1486.

Il ne s'en suit pas que le ms. ait été écrit dans cette période ; cette inscription est une constatation de propriété et rien de plus. Il est même à croire qu'il fut écrit bien antérieurement à cette date, c'est-à-dire de 1431 à 1473 : peut-être vers la mort de Jean Van Eyck (1445) qui fit tant pour les arts du dessin, et le célèbre Hemling étant encore enfant :

Le catalogue des manuscrits de la bibliothèque des ducs de Bourgogne lui assigne pour date le XVe 2/3.

Un fait certain, c'est qu'il fut transcrit pour la branche collatérale de Croy, Solre, Chimay, etc. de 1400 à 1486. Les armes en abyme de Craon et de Flandre, portées pour la première fois par Jean Ier de Chimay, nous l'indiquent.

Quant à nous, notre avis est qu'il fut copié pour Philippe deuxième comte de Chimay, mort en 1483. Nous dirons plus loin pourquoi.

Pour mieux établir la date de notre manuscrit, nous donnons ici la généalogie des Croy de la branche de Chimay, Solre, etc.

I.

JEAN Ier, Chevalier de la Toison d'Or, en 1431. Grand bailli et capitaine général du Hainaut, mort en 1472. Premier comte de Chimay.

II.

PHILIPPE, Chevalier de la Toison d'Or, en 1473. Grand bailli du Hainaut et gouverneur de Hollande, surnommé *la Clochette du Hainaut*. Comte de Chimay, mort à Bruges, en 1483, inhumé à Mons.

III.

Charles, Comte de Chimay, puis prince de Chimay, en 1486, parrain de Charles-Quint en 1500. Chevalier de la Toison d'Or, en 1491, mort à Beaumont en 1527.

La résidence à Mons de Jean Ier et de Philippe de Croy Chimay, dont ils furent tous deux gouverneurs, rapprochée de la résidence de notre artiste dans la même ville, doit nous donner à penser que ce ms. fut commandé par l'un d'eux à Pilavaine, à une époque où les grands seigneurs de la cour des ducs de Bourgogne (1419-1467) tenaient à honneur d'imiter leurs maîtres en encourageant la copie des livres et les artistes enlumineurs. Nous savons que les sires de Croy étaient de ceux-là. C'est aussi la grande époque des *scriptoria* dans les monastères, et de cet élan donné à la copie des livres naquit la découverte de l'imprimerie.

Nous ferons de nouveau la remarque que dans chacun de ses arabesques Pilavaine reproduit les mots *Moy seul* et nous ajouterons, sous toutes réserves, qu'un ornement en métal, assez singulier de forme et qui se trouve sur presque tous les arabesques du manuscrit, pourrait bien n'être que la clochette modifiée dont Philippe comte de Chimay ornait les housses de ses chevaux. (1).

« C'était, dit Schohier, la plus roide lance de son temps et « grand entrepreneur es faicts d'armes, à cause de quoy fut « nommé la clochette du Hainault, portant en caparançon et

----

(1) C'était en usage chez les enlumineurs de disposer dans les arabesques qui encadraient le texte, les ornements dont se servaient les personnages qui avaient commandé le manuscrit. Nous l'avons déjà fait remarquer à propos du connétable de St.-Pol et nous le retrouvons dans beaucoup de manuscrits de l'époque.

« accoustrements de ses chevaulx rouge des clochettes ou
« campanes d'argent semé par iceulx. »

Enfin, pour nous résumer sur la biographie de PILAVAINE,
nous dirons qu'il y a lieu de croire qu'il pouvait exercer à
Péronne la profession d'enlumineur et qu'il suivit la cour
des ducs de Bourgogne, alors que ceux-ci devinrent pro-
priétaires engagistes des villes de la Somme. Le soin de nous
avertir qu'il est de Péronne *en Vermandois,* (car il y a Péronne
dans le Hainaut) nous induirait à penser qu'il n'a quitté cette
ville que dans un âge assez avancé, attiré par l'appas des ré-
compenses que les ducs de Bourgogne et les seigneurs de sa
cour offraient aux artistes que distinguait leur mérite.

Parmi les artistes qui suivaient cette cour, on remarque
beaucoup d'enlumineurs du nord de la France actuelle et dont
quelques-uns sont Artésiens et Picards, entre autre David
Aubert, qui, comme la plupart des artistes de ce temps,
joignait au métier *d'enlumineur* celui *d'écripvan* et qui fut
en outre un savant bibliothécaire et l'un des meilleurs litté-
rateurs de l'époque. Il était d'Hesdin, en Artois, et nous
pouvons le considérer comme un des fondateurs de la riche
bibliothèque des ducs de Bourgogne de Bruxelles.

Pas plus que de PILAVAINE, nous ne savons rien de ce
grand artiste. Nous connaissons son nom et sa patrie : voilà
tout.

Heureusement ses œuvres sont signées et *le roman de Charles
Martel* et *la composition de la Sainte Ecriture* sont là pour
attester que la ville d'Hesdin a donné naissance à un grand
peintre.

Avant de nous résumer sur le talent de notre Picard, qu'on
nous permette de revenir sur la pensée que nous avons émise
au sujet du portrait de PILAVAINE.

Au moment où paraissait notre gravure, le *Magasin Pittoresque* (novembre 1857) publiait une miniature tirée du *Livre de mutation de fortune* de *Christine de Pisan*, miniature en tous points semblable à la nôtre et qui représente l'auteur du livre dans la même position que notre Pilavaine. « Dans cette scène du manuscrit de Munich, — dit l'érudit « à qui nous devons cette observation — Christine ne joue « plus auprès de la reine, un rôle secondaire elle occupe la « scène toute entière, dont elle est l'unique personnage. « Nous ne serions pas éloigné de croire que nous avons ici « sous les yeux un véritable portrait de Christine. »

Nous ne saurions mieux terminer la partie iconographique de nos recherches qu'en appuyant de toute notre affection pour la patrie et l'art, le désir exprimé par notre confrère inconnu. « Il y aurait, dit-il, à faire un beau livre d'art et « d'érudition qui manque à notre littérature historique : ce « serait une *iconographie* des personnages français morts « avant le règne de François Ier. » — Espérons que nous ne serons pas les seuls à désirer ce livre et que quelques plumes et crayons savants nous feront connaître ces morts illustres que notre vanité a trop longtemps dédaignés.

Maintenant que notre mission d'antiquaire est remplie, essayons en peu de pages de faire connaître au lecteur le talent de Pilavaine et jetons un coup d'œil rapide sur la miniature avant lui.

Il ne s'en suit pas de ce qui précède que nous donnions comme exemple ces vieux artistes, dont nous cherchons à ressusciter la mémoire. Chaque chose a son temps. Nous pouvons tenir grand compte des nôtres, sans pourtant nous faire illusion sur leurs défauts, non qu'ils leur viennent souvent d'eux-mêmes, mais bien de leur temps. L'art n'arrive pas d'un bond à la perfection et les artistes d'un temps dénué de moyens d'élévation et qui n'en sont pas moins parvenus à fixer l'attention des connaisseurs éclairés méritent souvent plus d'éloges que ceux qui ont mieux fait plus tard. Ainsi que l'air se raréfie, l'art aussi s'élève. Il est des époques dans l'humanité où l'esprit de l'homme semble endormi ; tant de malheurs ont pesé sur lui qu'on dirait qu'il n'a plus la force de les combattre ; mais laissez lui le repos, laissez lui reprendre de nouvelles forces et vous le verrez, comme le héros antique, traverser le pays des ombres pour arriver à la lumière.

L'art du moyen-âge ne sort pas d'un cercle tracé de dévotion et de batailles ; l'art est traditionnel et vise plutôt à la représentation matérielle qu'à l'idée. L'idéal que l'on remarque dans les peintures de ce temps tient plus du mysticisme que de la raison. Ce n'est pas l'élévation de l'esprit cherchant l'inconnu, c'est la traduction servile du passé. C'est sans cesse la même image rendue plus ou moins bien, suivant les modifications apportées à la mécanique de l'art. Ce n'est pas que l'artiste ne cherche la vérité et le beau au milieu de la tradition et de l'erreur, mais sa marche est embarrassée. Quand il quitte une erreur, c'est pour tomber dans une autre ; il faut que le mal grandisse pour qu'il en trouve les alliances et s'essaie journellement à le vaincre.

Du VIII au XVe siècle, la différence dans la pensée et la mécanique de l'art est grande, mais les artistes la combleront petit-à-petit. L'instinct du mieux est dans l'homme, il le sent ; la perfection l'attire, et, même au milieu de l'erreur, il trouve la force de s'élancer vers elle.

Au VIII siècle les miniatures sont des conceptions barbares. L'art est en enfance comme l'homme. Les sujets sacrés que traitent les artistes sont d'autant plus déplaisants aux regards qu'ils les ont moins bien réussis. Il semble que l'idée symbolique ne vienne au secours de l'art que pour en augmenter la laideur. Les évangélistes sont peints avec des têtes d'animaux et Dieu le père est représenté en guerrier, tenant une épée nue d'une main et de l'autre un arc et des flèches.

Dans les miniatures du XIe siècle, la forme, quoique barbare encore, a subi des modifications, mais les arabesques sont d'admirables compositions. Le talent de l'homme ne s'élève pas jusqu'à l'homme. L'esprit philosophique a trop d'entraves. L'artiste n'analyse pas, il copie. Les allégories, dont se servent les clercs-enlumineurs, sont empruntées au paganisme. Le diable est un affreux marmouset, ayant langue fourchue, pieds et poils de bouc, une queue et des griffes; ce n'est pas un tentateur, c'est un épouvantail. Pour trouver l'artiste, nous devons le chercher dans la décoration et la fantaisie, qui, par leur nature même, échappent aux lois de la critique.

Le XIIIe siècle donne à l'art une impulsion puissante. Les miniatures sont de ravissants arabesques, rehaussés d'or, d'argent et de couleurs éclatantes, mais la forme est nulle et le génie de l'artiste ne se découvre que dans le grotesque. L'homme ne s'élève pas à l'homme, il se moque de lui.

Quelquefois une idée heureuse le saisit; c'est ainsi que, pour représenter l'action de Dieu sur les créatures, il fait sortir une main d'un nuage, mais d'ordinaire il nous montre tous les caprices d'une imagination dévergondée et que rien n'arrête, car le but philosophique manque. Ce sont des ânes jouant sur quelque instrument de musique, des grenouilles ayant corps d'homme, des animaux à quatre pattes ayant des têtes d'oiseaux, des chameaux à figure humaine. Ce n'est pas la profondeur de Callot et de Grandville, c'est la course au clocher de la folie. L'artiste n'a pas la conscience de l'art. La fantaisie, voilà où il brille. Quant au corps humain, les formes en sont toujours raides et les amples vêtements continuent à les cacher, dans l'impuissance où se trouve l'artiste de les reproduire. Cette absence de forme, ce relief effacé donnent, il est vrai, aux personnages un sentiment mystique qu'on a cru calculé, mais qui n'est pas prévenu n'y voit que de la raideur et de l'ignorance.

On a vanté la chasteté des artistes de ce temps, sans penser que les mêmes arabesques qui nous offrent des anges, vêtus de longues robes célestes, jouant sur des instruments harmonieux, nous retracent souvent les sujets les plus indécents. Les esprits sains ne comprennent pas cette antinomie. Sous peine de désordre, nous devons choisir entre le beau ou le laid ; le véritable ecclectisme n'a pas deux voies et s'arrange mal de l'art qui n'a pas de synthèse.

Nous devons dire pour être juste que l'indécence de ce temps est plus grossière que lascive et qu'il appartenait aux miniaturistes du XVe siècle de faire servir leurs talents à ce qu'il y a de plus mauvais dans l'homme, les instincts bestiaux.

Ce n'est pas que de temps en temps nous ne remarquions dans les miniatures un délicat sentiment de la forme, mais ce résultat est individuel, il appartient à l'artiste et non à son temps.

Je parle ici pour la peinture, car dans la marche de l'art, la sculpture va toujours en avant et ce n'est pas une des choses les moins singulières de la science que celui qui peut le moins arrive le plus vite au résultat.

Cependant, l'étude du corps humain va faire quelques progrès. Le manuscrit de St.-Graal de la bibliothèque nationale de Paris nous offre les nus mieux dessinés et mieux compris.

Il est à remarquer que nous devons aux enlumineurs laïques les premiers progrès remarquables faits dans l'étude du corps humain. Les religieux restaient fidèles à la tradition. Ils étaient bons calligraphes, mais mauvais peintres ; le monastère avait ses lois somptuaires et dès les temps les plus reculés l'art du peintre avait été blâmé par de saints personnages, imbus de ce faux esprit particulier à l'Islanisme, que nous sommes surpris de rencontrer chez des hommes aussi distingués que Saint Paulin, évêque de Nole, et autres notabilités littéraires du moyen-âge.

Il nous faut arriver au XVe siècle pour voir la miniature atteindre toute sa splendeur. La beauté du velin aide à la beauté de la peinture. L'or, l'argent et l'azur d'outremer sont employés avec sagesse. Les miniatures ne nous offrent plus ces fonds métalliques que nos artistes avaient hérités de l'école byzantine et qui nuisirent tant à l'art, en arrêtant l'étude de la perspective. Les initiales, les lettrines, les titres de chapitres, les iconismes, tout cela est aussi éclatant que par le passé, mais composé avec plus de sagesse et de goût. La miniature devient un ravissant tableau dont la délicatesse et le fini nous surprennent d'autant plus que les dimensions sont plus petites.

Les figures sont enfin de véritables portraits qui commencent à respirer les passions humaines. Chacune a son type et ne nous fatigue plus par une ennuyeuse uniformité. Les étoffes sont drapées de main de maître et l'on sent bien que sous leurs plis il y a autre chose qu'un mannequin. Nous sommes dans le siècle des Van Eyck, des Antonio de Messine, des Hemling et des J. Fouquet. Le premier de ces maîtres a créé le paysage en lui appliqant les lois de l'optique, et l'œil ravi peut découvrir dans les plans les plus lointains tout un monde de verdure, de fleurs et de ciels, que cachait l'impuissance du siècle précédent.

Malheureusement pour beaucoup d'artistes encore la forme continue à être grêle et l'étude du nu imparfaite. Ils n'étudient pas le corps, ils cherchent à le deviner ; il est presque toujours raide et les contours en sont pleins d'angles et disgracieux ; on voit que beaucoup restent dans cet archaïsme par habitude et par défaut d'études, tant la tradition a de puissance sur certains esprits.

Mais de nouvelles découvertes surgissent, la peinture à l'huile, l'imprimerie qui va rendre inutile la copie des manuscrits et tuer la miniature en élevant le miniaturiste. Les rubricateurs ne seront plus de pauvres ouvriers aux gages des abbayes ou des grands seigneurs ; ils s'appelleront Raphaël, Van Eyck, Hemling, Albert Durer, Otho Vénius, Michel-Ange, Rubens, Van Dyck, Poussin, Rembrandt, Gérard Dow, etc. On ne les verra plus à genoux humblement devant la puissance, et si trois siècles sont nécessaires encore pour empêcher l'homme de s'abaisser servilement devant l'homme, ils seront du moins les premiers à relever le génie de son abaissement. L'art va ouvrir à l'humanité des voies nouvelles et la royauté ne sera plus la seule souveraine du monde.

Les rois du siècle, les potentats ne dédaigneront pas de visiter les artistes et nous verrons l'un deux se baisser pour ramasser le pinceau d'un peintre. La royauté sent qu'il naît plus fort qu'elle et se courbe devant la puissance nouvelle.

Les manuscrits de ce siècle se ressentent de toutes les découvertes faites dans le domaine de la pensée et de l'art. Les splendides miniatures des maîtres italiens du XVe siècle sont des œuvres d'art du plus haut mérite. Chaque pays tient à rivaliser de talent avec ses voisins et de cette noble émulation naissent des manuscrits qui font encore l'admiration des connaisseurs.

Le *Roman du Dante* et le *Livre d'Heures* d'Anne de Bretagne, de la bibliothèque nationale de Paris ; le *Roman de la Rose*, du Bristish muséum ; la *Fleur des Histoires*, les *Chroniques de Jacques de Guise* et le *Roman de la belle Hélène*, de la bibliothèque des ducs de Bourgogne ; de Bruxelles, le *Diurnal du roi Réné* sont les œuvres qui terminent l'art de la miniature, auquel va bientôt succéder les in-folio à gravures, réservés aux maîtres de la richesse et de la science. Il faudra une violente secousse pour faire tomber l'art dans le domaine commun et le faire servir à la diffusion des lumières, le seul but auquel il doit tendre pour aider au perfectionnement de l'humanité.

Les peintures sur panneaux des maîtres du XVe siècle ne sont en général que des miniatures en grand. Le pinceau n'est pas encore habitué à la hardiesse. Quelques-uns des artistes qui avaient si bien réussi dans la miniature échouent dans la grande peinture. Les proportions des figures gênent leur allure. Habitués aux petits effets, ils ne devinent pas les grandes causes, et le miniaturiste de grand talent ne fait qu'un peintre médiocre. C'est qu'il est difficile à l'art d'arriver au beau sans règles et qu'il n'appartient qu'aux grandes intelligences, secondées par l'étude et l'enthousiasme, de quitter brusquement une fausse route pour s'élancer, comme Hemling, dans la voie du beau et de la vérité.

Nous nous garderons bien de placer PILAVAINE au même rang que ce maître. Il lui est inférieur, comme miniaturiste, dans la peinture des figures et des caractères, dans l'arrangement de ses étoffes et dans ses ciels, où le grand artiste se montre si savant, si aérien et si poète; mais nous devons dire qu'il l'égale quelquefois dans ses compositions et qu'en général, il est plus hardi que lui. Il vise plutôt à l'effet qu'au fini et tire de la composition de ses tableaux une impression qui vous frappe souvent davantage. Il n'a déjà plus la naïveté des vieux temps, et, quoique plusieurs de ses compositions soient burlesques, on y remarque une indépendance qui le place à part au milieu de ses miniaturistes qui visaient avant tout au fini des détails. Plus barbare que beaucoup d'entre-eux, il est peut-être plus moderne dans ses allures. Quant aux nus, il y a chez lui absence complète d'étude, aussi ne les traite-t-il que rarement.

Chez lui le paysage est dénué de cette poésie que Van Eyck et Hemling savaient y jeter avec tant de grâce. C'est un artiste peu rêveur qui tient plus à la vie qu'à son image. Un *réaliste*, comme on dirait de nos jours. Les grands coups d'épée, les lances brisées, le choc des armées, tout cela lui convient mieux que les frais ombrages et les lointains bleutés. La cloche du monastère, la nocturne lanterne de l'ermite, l'eau qui coule, l'oiseau qui chante, la fleur qui s'entrouvre au soleil ne le tentent pas, aussi choisit-il un cadre plus grand pour y batailler à son aise. C'est le vassal qui suit son maître au milieu de l'*ost* et son maître lui donne de la besogne. Peu lui importe que ses ciels ne soient pas fondus, si ses archers tirent bien de l'arc; peu lui fait que dans ses paysages les plans se confondent, s'il lui sert assez de soleil pour le faire éclater sur l'armure de ses guerriers. C'est avant tout un peintre de batailles. Il est engagé au Bourguignon et le Bourguignon aime le sang et la ruine.

PILAVAINE n'est pas artiste dans le sens philosophique du mot. C'est un peintre aux gages d'un grand seigneur et qui soumet son talent aux volontés du maître. Triste chose en tous temps que ce vasselage funeste à l'art autant qu'à l'homme! Mais son coloris a de la force ; malgré la faiblesse des moyens, il atteint son but. Il compose largement et, si ses figures sont dénuées de passion, l'attitude de ses personnages y supplée. Il peint le drame du corps, pas celui de l'âme.

Ses arabesques sont de ravissantes fantaisies, exemptes de mignardise. Il y a su manier le trait et la couleur et, quoique quatre siècles aient passé sur son œuvre, elle est encore aussi brillante qu'au premier jour.

Enfin, malgré ses imperfections, que nous avons cru de notre devoir de ne pas déguiser, PILAVAINE, n'en reste pas moins un des bons artistes de son temps.

PILAVAINE n'est pas seulement *enlumineur*, il nous a fait connaître qu'il était aussi *écrivain*, c'est-à-dire calligraphe et sous ce rapport, il se montre d'autant plus artiste qu'isolé, et ne recevant aucune impulsion d'une communauté quelconque, il n'en atteint pas moins à la perfection. Son talent de calligraphe surpasse même son talent de miniaturiste et les *Chroniques Martiniennes* sont un véritable modèle que l'on peut placer à côté de tout ce que le XVe siècle nous a laissé de plus parfait.

Je me suis livré à des recherches pour connaître le prix des *Chroniques Martiniennes*. Elles n'ont pas été couronnées de succès ; mais, en comparant ce livre à plusieurs de ceux dont les prix nous sont connus, j'évalue à 2,500 ou 3,000 fr. de notre monnaie la valeur payée à PILAVAINE, comme prix de son travail ; ce prix ne me paraît pas exagéré à côté de quittances bien plus importantes, entre autres un reçu de 500 écus d'or (soit 7,500 fr.) payés par le duc de Bourgogne en 1399 au libraire Jacques Baponde de Paris pour un exemplaire de la *Légende Dorée*.

Voici les œuvres d'un de nos compatriotes que je suis heureux d'arracher à l'oubli. Je vous ferai connaître les découvertes ultérieures que je ferai sur son nom et ses œuvres.

Il serait temps d'arracher à la poussière des bibliothèques ces noms et ces œuvres. Tous ces pauvres ouvriers de l'art et de la pensée sont les précurseurs de nos peintres ; ils en sont les pères.

Nos conseils communaux devraient bien voter de temps en temps quelques fonds pour faire copier les œuvres de ceux-là qui font la gloire de leur ville. (1). Si nul avant de mourir ne peut être dit heureux, comme l'avance Solon, il serait reconnaissant à nous d'apporter à ces pauvres ombres un peu de cette sympathie que nous ne savons même pas avoir pour les morts.

Mons, 24 Février 1858.

---

(1) Je ne puis terminer cette notice sans remercier publiquement MM. le prince de *Chimay, Mathieu*, conservateur de la bibliothèque de Bourgogne, le baron de *Mélicocq*, et *Pinchart*, employé aux archives du royaume de Belgique, de l'empressement qu'ils ont mis à satisfaire à mes demandes, et M. *Praroud*, d'Abbéville, alors directeur de *la Picardie*, d'avoir bien voulu m'ouvrir ses colonnes. Seul, M. le secrétaire communal de la ville de PÉRONNE n'a pas cru devoir répondre à ma lettre. *Nul n'est prophète dans son pays.*

AMIENS. — IMP. DE LENOEL-HEROUART.

www.ingramcontent.com/pod-product-compliance
Lightning Source LLC
Chambersburg PA
CBHW061321060726

47596CB00003B/1025